1.º

ESO
Cuaderno 3

Números enteros. Proporcionalidad

José Carlos Mejías Reigada

sm

I. LOS NÚMEROS ENTEROS

II. PROPORCIONALIDAD

yecto didáctico: Santiago Gutiérrez y Vicente Rivière. **Autor:** José Carlos Mejías. **Diseño de interiores y ierta:** Alfonso Ruano y Julio Sánchez. **Dibujos:** Modesto Arregui. **Revisión pedagógica y edición:** élica Escoredo y Aída Moya. **Coordinación editorial:** Aída Moya y Vicente Rivière. **Dirección editorial:** eta Calvo.

DICIONES SM, Madrid
: 84-348-9685-0 / Depósito legal: M. 39.495-2003 / Impreso en España - *Printed in Spain*
eso por: Impresos y Revistas, S. A. (IMPRESA)

1 Números enteros

PARA EMPEZAR

Cuáles son los números enteros

Los **números enteros** son:
- Los números **negativos**: -1, -2, -3, ...
- Los números **positivos**: $+1$, $+2$, $+3$, ... (suelen escribirse sin el signo +).
- El **cero**: no es ni positivo ni negativo.

Los **números negativos** sirven para expresar cantidades menores que 0.

Ejemplos: 8 grados bajo cero: -8 40 metros de profundidad: -40

1 Expresa el significado de las siguientes cantidades:

a) $-23°$ ....

b) -63 metros ....

c) -87 euros ....

d) Planta (-4) ....

2 Expresa con números enteros las siguientes situaciones:

a) Hoy tuvimos una temperatura de dos grados bajo cero: ....

b) Quiero ir a la planta séptima del edificio: ....

c) Esa montaña tiene una altitud de mil doscientos metros: ....

d) Tengo el coche aparcado en el tercer sótano: ....

e) El submarinista ha llegado a una profundidad de cien metros: ....

f) Esta primavera se han alcanzado los cuarenta grados: ....

3 El siguiente extracto de una cuenta no es correcto. Indica dónde está el error.

Conceptos	Ingresos	Cargos	Saldo
Saldo anterior	– – –	– – –	45 €
Recibo de la comunidad	– – –	30 €	15 €
Recibo de la luz	– – –	40 €	−25 €
Nómina del mes	1200 €	– – –	1175 €
Recibo del teléfono	– – –	25 €	1200 €

¿Cómo se representan los números enteros en la recta numérica

Para **representar** los **números enteros** sobre una recta:

1.º Se **traza** una línea recta y se toma como origen un punto que representa al cero.

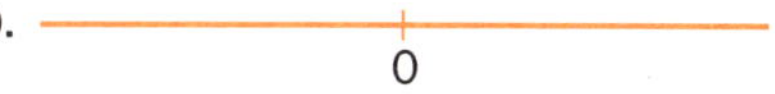

2.º A la derecha del cero, se **elige** otro punto que representa al 1 y se toma como unidad la distancia del 0 al 1.

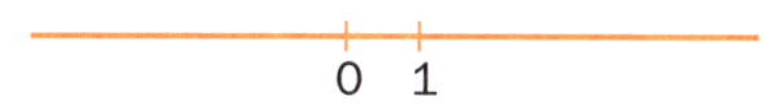

3.º Se **lleva** esta unidad a la derecha y a la izquierda tantas veces como indica el número que se quiere representar.

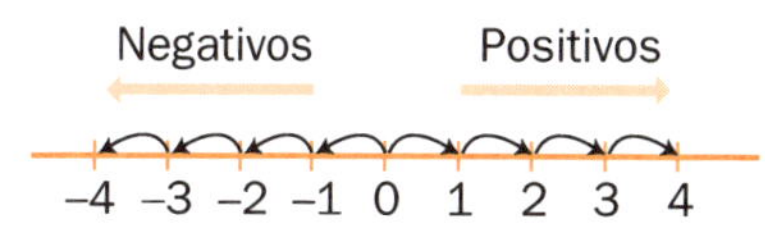

Hacia la izquierda del cero se representan los números negativos y **hacia la derecha** los números positivos.

4 Representa en la siguiente recta numérica, además del cero, los números enteros del -6 al 7.

5 Representa en la siguiente recta los números enteros del -5 al 6.

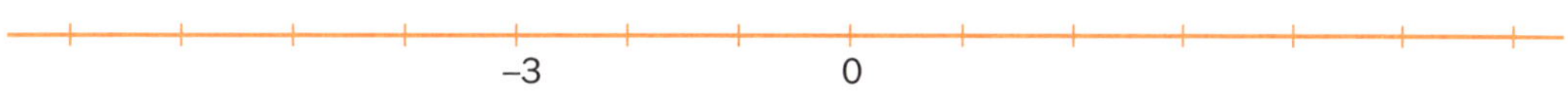

6 Escribe el valor que representan cada una de las letras en la siguiente recta de números enteros:

$A =$ $D =$

$B =$ $E =$

$C =$ $F =$

7 Explica dónde situarías el cero en la siguiente recta de números enteros sabiendo que *A* representa a -5 y *B* a $+11$.

8 Sitúa los números -5, $+12$, 0, $+3$ y -11 en la siguiente recta de enteros sabiendo que *A* es -8 y *B* es $+8$.

Cómo se ordenan y comparan los números enteros

Para **ordenar** o **comparar** números enteros se pueden representar en la recta numérica. Un número es **menor que** otro si al representarlos en la recta se sitúa más a la izquierda.

Ejemplos:

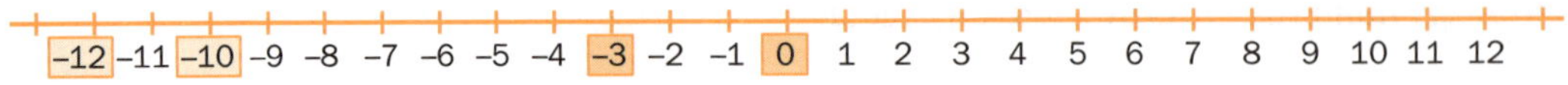

$-12 < -10$ ⟶ -12 es menor que -10 porque está más a la izquierda en la recta.

$0 > -3$ ⟶ 0 es mayor que -3 porque está más a la derecha en la recta.

9 Ordena de menor a mayor los siguientes números enteros:

$+12 \quad -16 \quad +4 \quad -12 \quad -22 \quad 0 \quad +33 \quad -66 \quad +1 \quad -3 \quad -7$

10 Escribe los números enteros que faltan:

$-7 < -6 < \square < \square < -3 < \square < -1 < \square < 1$

11 Escribe el signo $<$ o $>$ según corresponda:

a) $-3 \ \square \ 3$

b) $-6 \ \square \ -8$

c) $4 \ \square \ -4$

d) $-7 \ \square \ -10$

12 Escribe los números enteros:

a) Comprendidos entre -6 y 3 ....

b) Menores que 2 y mayores que -4 a la vez ....

c) Negativos mayores que -3 ....

13 Completa la siguiente tabla con los números anterior y posterior a los dados:

Anterior	Número	Posterior
	+19	
	+100	
	+21	
	+6	
	+99	

Anterior	Número	Posterior
	−19	
	−100	
	−21	
	−6	
	−99	

RECUERDA

Posterior: más a la derecha en la recta.

Anterior: más a la izquierda en la recta.

Qué es el valor absoluto y el opuesto de un número entero

- El **valor absoluto** de un número entero es el número natural que resulta al suprimir el signo.

  Ejemplos: El valor absoluto de -3 es 3 y se representa $|-3| = 3$.
  El valor absoluto de $+3$ es 3 y se representa $|+3| = 3$.
  Por tanto, $|-3| = |+3| = 3$.

- Cuando dos números enteros tienen el mismo valor absoluto se dice que son **opuestos**. Al representarlos en la recta numérica, están a la misma distancia del cero.

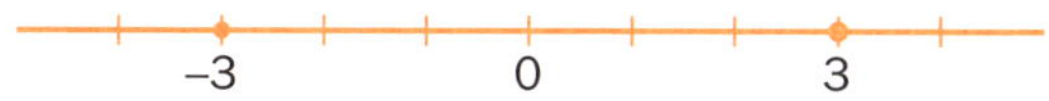

14 Completa las siguientes frases:

a) El valor absoluto de $+12$ es ....

b) El valor absoluto de -15 es ....

c) El valor absoluto de -100 es ....

d) El valor absoluto de $+27$ es ....

15 Completa las siguientes expresiones:

a) $|-11| = \square$

b) $|+\square| = 7$

c) $|-\square| = 18$

d) $|+\square| = 10$

e) $|-\square| = 10$

f) $|+14| = \square$

16 Escribe el significado de cada una de las siguientes expresiones:

a) $|+19| = 19$ ....

b) $|0| = 0$ ....

c) $|-19| = 19$ ....

17 Completa las siguientes frases:

a) El opuesto de -5 es ....

b) El opuesto de $+16$ es ....

c) El opuesto de $+23$ es ....

d) El opuesto de -21 es ....

18 ¿Cuáles son los números opuestos que distan en la recta 14 unidades?

19 ¿Qué dos números tienen por valor absoluto 17?

2 Operaciones con números enteros

PARA EMPEZAR

Cómo se suman y se restan dos números enteros

- Para **sumar** dos **números enteros**:
  - Si los dos tienen el **mismo signo**:
    Se suman sus valores absolutos y se pone al resultado el signo que tienen ambos.
    Ejemplos: $(-5) + (-7) = \boxed{-12}$ $(+5) + (+7) = \boxed{+12}$
  - Si los dos tienen **diferente signo**:
    Se restan sus valores absolutos y se pone al resultado el signo del que tiene mayor valor absoluto.
    Ejemplos: $(-5) + (+7) = \boxed{+2}$ $(+5) + (-7) = \boxed{-2}$
- Para **restar** dos **números enteros** al primero se le suma el opuesto del segundo.
  Ejemplos: $(-5) - (-9) = (-5) + (+9) = \boxed{+4}$ $(+5) - (-9) = (+5) + (+9) = \boxed{+14}$

20 Resuelve las siguientes sumas:

a) $(+4) + (+8) =$

b) $(-7) + (-7) =$

c) $(+4) + (-8) =$

d) $(-3) + (+5) =$

e) $(+10) + (-20) =$

f) $(+3) + (+5) =$

g) $(-13) + (-10) =$

h) $(-9) + (+2) =$

i) $(+7) + (-7) =$

j) $(-13) + (+10) =$

21 Resuelve las siguientes restas transformándolas antes en una suma:

a) $(+7) - (+8) =$

b) $(-3) - (-5) =$

c) $(+11) - (+12) =$

d) $(+5) - (-8) =$

e) $(-13) - (+5) =$

f) $(+11) - (-2) =$

g) $(-8) - (-12) =$

h) $(-6) - (+2) =$

i) $(+8) - (-8) =$

j) $(-3) - (+10) =$

22 Expresa con números enteros y resuelve la siguiente situación:

a) Estaba en el sótano 5 y el ascensor ha subido 7 plantas, ¿en qué planta me encuentro?

b) Si ahora bajo 8 plantas, ¿dónde me encuentro?

Cómo se suman y se restan más de dos números enteros

Para **sumar y restar más de dos números enteros** se puede proceder de dos formas:

- Se suman y se restan los números sucesivamente de izquierda a derecha.

  Ejemplo:

  $-7 + 5 - 9 + 3 + 10 - 4 = -2 - 9 + 3 + 10 - 4 = -11 + 3 + 10 - 4 = -8 + 10 - 4 = 2 - 4 = \boxed{-2}$

- Se suman, por un lado, los positivos, por otro los valores absolutos de los negativos, y se restan los resultados.

  Ejemplo: $-7 + 5 - 9 + 3 + 10 - 4 = (5 + 3 + 10) - (7 + 9 + 4) = 18 - 20 = \boxed{-2}$

23 Efectúa las siguientes operaciones de izquierda a derecha de una en una:

a) $3 - 4 + 5 - 6 + 7 - 8 - 10 =$

b) $-12 + 8 - 12 - 7 - 7 =$

c) $-5 - 5 + 15 - 20 + 2 - 3 =$

24 Efectúa las siguientes operaciones agrupando primero los números de igual signo:

a) $100 - 200 + 300 - 400 - 500 =$

b) $3 + 6 - 9 - 8 - 7 + 3 - 2 =$

c) $-20 + 50 - 40 + 70 - 90 - 10 =$

Ejercicio resuelto

Realiza la siguiente operación: $-7 + (5 - 9) - (3 + 10)$

Primero se efectúan las operaciones que se encuentran dentro de los paréntesis. A continuación se opera de izquierda a derecha o agrupando los números de igual signo:

$-7 + (5 - 9) - (3 + 10) = -7 + (-4) - (+13) = -7 - 4 - 13 = -11 - 13 = \boxed{-24}$

25 Calcula el resultado de las siguientes operaciones:

a) $12 - (3 - 7) =$

b) $-20 + (7 - 10) - 6 =$

c) $(15 - 25) + (8 + 8) - (6 + 9) =$

d) $-(3 + 3 - 9) + (8 - 17) - (13 - 7) =$

e) $(12 + 12 - 11) - 2 - (3 + 7 - 17) =$

Cómo se multiplican dos números enteros

Para **multiplicar** dos **números enteros**:

1.° Se multiplican sus **valores absolutos**.

2.° El resultado obtenido tiene **signo**:

- **Positivo**: si los dos son positivos o los dos son negativos.
  Ejemplos: $4 \times 5 = 20$ $\quad -2 \times (-3) = 6$
- **Negativo**: si uno es positivo y otro negativo.
  Ejemplos: $4 \times (-5) = -20$ $\quad -2 \times 3 = -6$

Regla de los signos

$(+) \times (+) = +$

$(+) \times (-) = -$

$(-) \times (+) = -$

$(-) \times (-) = +$

26 Resuelve las siguientes multiplicaciones de números enteros:

a) $-13 \times (-2) =$

b) $-20 \times 1 =$

c) $3 \times (-10) =$

d) $5 \times 4 =$

e) $5 \times (-6) =$

f) $-5 \times (-8) =$

g) $-30 \times 3 =$

h) $-1 \times (-1) =$

27 Halla el resultado de las siguientes operaciones:

a) $-13 \times (-1) =$

b) $-3 \times (-1) =$

c) $(-54) \times (-1) =$

d) $(-14) \times (-1) =$

RECUERDA

El resultado de multiplicar cualquier número por −1 es el opuesto del número.

28 Averigua qué número falta para hacer ciertas las siguientes expresiones:

a) $-3 \times \square = 15$

b) $\square \times 6 = -54$

c) $\square \times 2 = -14$

d) $\square \times (-4) = -16$

e) $-7 \times \square = 35$

f) $\square \times (-10) = 10$

g) $-1 \times \square = 5$

h) $\square \times (-10) = -50$

i) $8 \times \square = -24$

j) $\square \times 1 = -19$

29 Decide si cada una de estas igualdades son verdaderas o falsas:

a) $-2 \times (-7) = -14$

b) $-4 \times -9 = 36$

c) $3 \times (-10) = -30$

d) $5 \times 4 = -20$

e) $-30 \times 1 = 30$

f) $-1 \times (-1) = 1$

Cómo se dividen dos números enteros

Para **dividir** dos **números enteros**:

1.º Se dividen sus **valores absolutos**.

2.º El resultado obtenido tiene **signo**:

- **Positivo**: si los dos son positivos o los dos son negativos.
  Ejemplos: $14 : 2 = 6$ $\qquad -22 : (-11) = 2$
- **Negativo**: si uno es positivo y otro negativo.
  Ejemplos: $40 : (-5) = -8$ $\qquad -21 : 3 = -7$

Regla de los signos

$(+) : (+) = +$

$(+) : (-) = -$

$(-) : (+) = -$

$(-) : (-) = +$

30 Resuelve las siguientes divisiones de números enteros:

a) $-12 : (-2) =$

b) $\dfrac{12}{-4} =$

c) $18 : (-6) =$

d) $\dfrac{-28}{-4} =$

e) $-20 : 1 =$

f) $\dfrac{-80}{40} =$

31 Averigua el número que falta en las siguientes igualdades:

a) $\square : (-1) = -16$

b) $\dfrac{\square}{-1} = -34$

c) $\square : (-1) = 37$

d) $\dfrac{\square}{-1} = -8$

RECUERDA

El resultado de dividir cualquier número por −1 es el opuesto del número.

32 Averigua qué número falta para hacer ciertas las siguientes divisiones de números enteros:

a) $15 : \square = -3$

b) $\dfrac{12}{\square} = -4$

c) $\square : (-4) = 5$

d) $\square : 6 = -9$

e) $\dfrac{\square}{-2} = -4$

f) $35 : \square = -7$

33 Contesta a las siguientes preguntas:

a) ¿Entre qué número hay que dividir −50 para obtener de cociente −5? ....

b) ¿Qué número hay que dividir entre −7 para obtener −3? ....

c) El divisor es 3, el cociente −3, ¿cuál es el dividendo, si el resto es 0? ....

34 Justifica por qué las siguientes igualdades son falsas:

a) $-12 : (-2) = -6$ ....

b) $-20 : 10 = 2$ ....

c) $18 : (-6) = 3$ ....

3 Operaciones combinadas con números enteros

PARA EMPEZAR

En qué orden se realizan las operaciones con números enteros

Para resolver varias operaciones combinadas con números enteros se debe seguir este orden:	$-21 : (-3 - 4) - 8 =$
1.º Se resuelven los **paréntesis**:	$= -21 : (-7) - 8 =$
2.º Se calculan los **productos** y **cocientes**:	$= 3 - 8 =$
3.º Se realizan las **sumas** y **restas**:	$= \boxed{-11}$

35 Subraya en cada caso la operación que tiene preferencia y los números que intervienen en ella, después halla el resultado resolviendo solo una operación en cada paso.

a) $3 + 4 : 2 = 3 + \underline{4 : 2} = 3 + 2 = 5$

b) $-6 : 3 + 2 =$

c) $9 - 3 : 3 =$

d) $12 : (-7 + 3) =$

e) $-8 - 6 \times 2 =$

f) $(-10 + 6) : 2 =$

36 Subraya en cada caso la operación que tiene preferencia y los números que intervienen en ella, después halla el resultado resolviendo solo una operación en cada paso.

a) $(-1 + 4) \times 2 + 7 =$

b) $17 - 5 \times 3 + 6 =$

c) $3 + 4 \times 6 : 3 =$

d) $2 - (7 - 5) \times 4 =$

e) $(12 : 2) : (-6) + 8 =$

37 Efectúa las siguientes operaciones:

a) $2 - (3 - 7) + 24 =$

b) $-10 \times (7 - 20) - 6 =$

c) $(25 : 25) + (7 - 8) =$

d) $-36 : (-5 - 6 - 7) =$

e) $-(12 - 9) \times (8 - 18) =$

f) $20 - 10 : (13 + 7 - 18) =$

38 Efectúa las siguientes operaciones:

a) $(6 + 4) : (2 + 3) =$

b) $(-6 : 3) \times (1 + 1) =$

c) $3 \times (9 - 3) : 3 =$

d) $(-9 + 1) : (2 \times 4) =$

e) $-1 - 4 \times 4 : 2 =$

f) $5 \times (-10 + 6) : 2 =$

g) $5 \times (-10) + 6 : 2 =$

Cómo se realizan las operaciones combinadas con números enteros

En el mismo paso se pueden realizar varias operaciones, siempre que se respete el **orden de preferencia**. Cuando dos operaciones tienen **igual preferencia**, se realiza primero la que se encuentra más a la **izquierda**.

Ejemplo: $(12 - 6) \times [(2 - 7) \times (-2)] : (-3) - (3 \times 3) = 6 \times [(-5) \times (-2)] : (-3) - 9 = 6 \times 10 : (-3) - 9 =$
$= 60 : (-3) - 9 = -20 - 9 = \boxed{-29}$

39 Calcula:

a) $8 \times [-5 \times (-2 + 4) - (5 - 3)] : (-4) =$

b) $28 - [(7 - 2) \times (15 - 21)] + 6 \times (-4) =$

c) $(8 - 14) : [(7 - 12) + (15 - 12)] \times 7 =$

d) $[-17 + (11 - 16)] - [(-2 + 7) \times (25 - 20)] =$

40 Realiza las siguientes operaciones:

a) $(5 - 2) \times (2 - 5) \times (-2) : (-3) =$

b) $12 - 2 \times 6 + 2 - 5 \times (-6) : (-3) =$

c) $-2 - 2 \times (1 - 7) : (-2) : (-3) =$

d) $(-2 + 10) \times 3 : 6 \times (-2) - 3 =$

e) $(18 - 8) - (5 - 9) + 3 \times (-3) =$

Ejercicio resuelto

Ana debe 10 euros a uno de sus hermanos y, como ha conseguido ahorrar 61 euros, decide pagarle. Además se compra un libro que le cuesta 15 euros. El dinero que le sobra lo reparte entre sus tres hermanos. ¿Cuánto dinero le da a cada uno?

Primero se traducen las diferentes partes del enunciado a números enteros, y a continuación se resuelven las operaciones combinadas que resultan:

Ana debe 10 euros: -10 €   Ahorra 61 euros: $+61$ €   Se compra un libro: -15 €

$(-10 + 61 - 15) : 3 = 36 : 3 = 12$

A cada uno de sus hermanos le da 12 euros.

41 La temperatura máxima un día de invierno ha sido 12 grados centígrados y la mínima 3 grados bajo cero. ¿Cuál ha sido la diferencia de temperatura ese día?

42 Jesús debe 75 euros del último plazo de un ordenador que compró. Ha ahorrado 127 euros y abona ese pago. Si además se compra un CD que le cuesta 13 euros, ¿cuánto dinero le queda?

43 Una familia ahorra 90 euros cada mes. Después de seis meses deciden comprar un televisor que les cuesta 700 euros. ¿Cuál es el saldo de su cuenta después de la compra?

44 Una submarinista se encuentra a una profundidad de 30 metros y empieza a subir a 3 metros por minuto. ¿A qué profundidad está al cabo de 5 minutos? ¿Cuántos metros le faltan en ese momento para llegar a la superficie?

4 Porcentajes

PARA EMPEZAR

Qué es un porcentaje o tanto por ciento

Un **porcentaje** o **tanto por ciento** representa una cantidad de cada 100 unidades.

Ejemplo: Que el 35 % de los habitantes de una ciudad utilizan gafas significa que, en esa ciudad, 35 de cada 100 habitantes utilizan gafas.

45 Explica el significado de cada uno de los siguientes porcentajes:

a) El 45 % de los niños tiene caries.

....

b) El precio de este perfume ha subido un 12 %.

....

c) De las personas que hay en la Tierra, el 52 % son mujeres.

....

46 En una muestra se ha detectado que cada 100 litros de aire están formados por: 75 litros de nitrógeno, 21 litros de oxígeno, 2 litros de dióxido de carbono, 1 litro de vapor de agua y 1 litro de otros gases. ¿Qué tanto por ciento hay de estos gases?

a) Nitrógeno = 75 %

b) Oxígeno =

c) Dióxido de carbono =

d) Vapor de agua =

47 De las 100 personas que fuimos de excursión, 36 éramos de mi barrio.

a) Porcentaje de personas de mi barrio =

b) Porcentaje de personas de fuera de mi barrio =

48 De 100 aficionados que asisten a un partido de baloncesto, 10 son menores de 10 años, 30 tienen entre 10 y 20 años, 40 tienen entre 20 y 30 años y el resto son mayores de 30 años.

a) Los aficionados menores de 10 años son el .... %.

b) Los aficionados entre 10 y 20 años son el .... %.

c) Los aficionados entre 20 y 30 años son el .... %.

d) Los aficionados mayores de 30 años son el .... %.

¿Cómo se escriben los porcentajes

Todo **porcentaje** puede escribirse de tres formas:

- Como **porcentaje**.
- Como **fracción decimal**.
- Como **número decimal**.

Ejemplo: El 30 % se puede escribir como fracción decimal, $\frac{30}{100}$, y como número decimal, 0,30.

49 Escribe primero en forma de fracción decimal y después en forma de número decimal cada uno de los siguientes porcentajes.

a) 12 % = $\frac{12}{100}$ = 0,12

b) 20 % =

c) 100 % =

d) 25 % =

e) 15 % =

f) 50 % =

g) 75 % =

h) 40 % =

50 Los siguientes números decimales exprésalos primero en forma de fracción decimal y posteriormente en forma de porcentaje.

a) 0,24 =

b) 0,45 =

c) 0,01 =

d) 0,64 =

e) 0,04 =

f) 0,6 =

g) 0,16 =

h) 0,8 =

51 Completa la siguiente tabla:

Porcentaje	Fracción decimal	Número decimal
41 %		
	$\frac{90}{100}$	
		0,08
18 %		
	$\frac{6}{100}$	
		0,36

Cómo se calculan los porcentajes

Para **calcular el porcentaje de una cantidad** se puede proceder de dos formas:

- Se multiplica la **fracción decimal equivalente** al porcentaje por la cantidad.

  Ejemplo: $17\ \%$ de $150 = \frac{17}{100} \times 150 = \frac{17 \times 150}{100} = \frac{2550}{100} = \boxed{25{,}5}$

- Se multiplica el **número decimal equivalente** al porcentaje por la cantidad.

  Ejemplo: $17\ \%$ de $150 = 0{,}17 \times 150 = \boxed{25{,}5}$

52 Calcula los siguientes porcentajes multiplicando por la fracción decimal equivalente.

a) 9 % de 1 250

$\frac{9}{100} \times 1250 = \frac{9 \times 1250}{100} = \frac{11250}{100} = 112{,}5$

b) 56 % de 34

c) 19 % de 250

d) 6 % de 3 004

e) 100 % de 9 876

f) 12 % de 524

g) 89 % de 89

h) 43 % de 2 401

53 Calcula los siguientes porcentajes multiplicando por el número decimal equivalente.

a) 20 % de 250

$0{,}20 \times 250 = 50$

b) 80 % de 250

c) 50 % de 500

d) 7 % de 3

e) 10 % de 8

f) 40 % de 250

g) 98 % de 89

h) 45 % de 240

i) 26 % de 10

j) 7 % de 5

54 El 18 % de los 98 754 habitantes que tiene la ciudad donde vivo son mayores de 65 años. ¿Qué tanto por ciento representa a los habitantes que no son mayores de 65 años?

55 Me he gastado el 7 % de los 123 euros que tenía en la hucha. ¿Qué porcentaje de los ahorros que tenía quedan aún en la hucha?

56 El peso de un astronauta en la Luna es el 17 % del que tiene en la Tierra. Sabiendo que un astronauta con el traje espacial pesa 156 kilogramos en la Tierra, calcula cuánto pesará en la Luna.

57 El 36 % de los animales de un zoológico son africanos, el 25 % son asiáticos, el 20 % son americanos, el 15 % son europeos y el resto de Oceanía.

a) ¿Qué porcentaje representan los animales de Oceanía?

b) Si hay 900 animales en el zoológico, ¿cuántos hay de cada continente?

58 De los 5 200 espectadores que han asistido a un partido de baloncesto, el 25 % son mujeres. De todas ellas, el 21 % son menores de 20 años.

a) ¿Cuántas mujeres había viendo el partido de baloncesto?

b) ¿Cuántas de las mujeres eran menores de 20 años?

Ejercicio resuelto

La semana pasada pusieron a Pedro una multa de tráfico de 150 euros. Tiene un plazo de tres meses para pagarla. Si la paga antes de que cumpla el plazo le hacen un descuento del 25 %, pero si la paga fuera de plazo le incrementan la cuantía de la multa en un 30 %.

a) Si Pedro paga la multa antes de que cumpla el plazo, ¿cuánto pagará?

Se calcula el descuento: **25** % de 150 = **0,25** × 150 = 37,50 euros, y se resta el descuento al precio inicial: 150 − 37,50 = **112,50** euros

> Pedro pagará 112,50 euros si lo hace antes de que cumpla el plazo.

b) ¿Cuánto deberá pagar Pedro si lo hace fuera de plazo?

Se calcula el incremento: **30** % de 150 = **0,30** × 150 = 45 euros, y se suma el incremento al precio inicial: 150 + 45 = **195** euros

> Pedro pagará 195 euros si lo hace fuera de plazo.

59 ¿Cuánto tendré que pagar por una bicicleta de 962 euros si me hacen un descuento de un 27 %?

60 El precio de un coche era el año pasado de 12 875 euros. Si este año se ha incrementado un 3,6 %, ¿cuál es el precio del coche en la actualidad?

61 Un coche nuevo costó 17 550 euros. Al cabo de un año se quiere vender de segunda mano, descontando de su precio inicial el 38 %. ¿Cuál es el precio al que se puede vender el coche?

62 Teresa ha devuelto ya el 47 % del préstamo que pidió para amueblar su casa. Si el préstamo fue de 12 500 euros:

a) ¿Cuánto dinero ha devuelto del préstamo?

b) ¿Cuánto le queda por devolver?

c) ¿Qué tanto por ciento del total le queda por devolver?

63 Lourdes, Marta y Carlos quieren comprar un regalo a su abuela. Para ello Lourdes pone el 37 % de los 234 euros que tiene en su hucha, Marta pone el 25 % de los 345 euros que tiene ahorrados y Carlos pone el 19 % de los 456 euros de su cartilla de ahorros.

a) ¿Cuánto dinero pone Lourdes?

b) ¿Cuánto dinero pone Marta?

c) ¿Cuánto dinero pone Carlos?

d) ¿Cuánto dinero ponen entre los tres?

e) Ordena los nombres según el porcentaje que pone cada uno de sus ahorros, de mayor a menor.

f) Ordena los nombres según la cantidad de dinero que pone cada uno, de mayor a menor.

64 Álvaro ha comprado un CD de música de 20 euros, pero le han hecho un descuento del 12 %. Adriana se ha comprado un juego de ordenador de 12 euros, pero por estar en oferta se lo han rebajado un 20 %. ¿A cuál de los dos le han hecho mayor rebaja en el precio?

65 Un ordenador costaba el año pasado 1090 euros y una impresora 269 euros. El precio del ordenador ha aumentado este año un 2,4 % y el de la impresora un 10 %. ¿Cuál de los dos productos ha aumentado más su precio?

5 Magnitudes proporcionales

PARA EMPEZAR

Qué es una razón entre dos números

Una **razón** es el cociente o división entre dos cantidades que se pueden comparar.

Ejemplo: El largo de una habitación es de 6 metros y el ancho es de 4 metros. La razón entre las dimensiones de la habitación es $6 : 4 = \frac{6}{4} = 1{,}5$

La razón indica que el largo de la habitación es 1,5 veces mayor que el ancho.

66 Calcula la razón entre las cantidades de cada apartado e interpreta el resultado:

a) El ancho de una mesa es de 28 centímetros y el largo es de 70 centímetros.

b) Un tren circula a 180 kilómetros por hora y otro a 120 kilómetros por hora.

c) Una botella de agua contiene 50 centilitros y otra 150 centilitros.

d) El precio de un coche es de 18 240 euros y el de otro es de 15 200 euros.

e) El precio de 4 bolígrafos es 24,20 euros.

f) Yo mido 153 centímetros y mi madre 170 centímetros.

¿Qué es una proporción numérica

- Una **proporción** es la igualdad entre dos razones.

  Ejemplo: Las razones $\frac{3}{5}$ y $\frac{9}{15}$ forman una proporción ya que: $\frac{3}{5} = 0{,}6$ y $\frac{9}{15} = 0{,}6$

  En la proporción $\frac{3}{5} = \frac{9}{15}$ los términos 3 y 15 se llaman **extremos** y los términos 5 y 9 se llaman **medios.**
- En cualquier proporción se cumple que el **producto de extremos** es **igual** al **producto de medios**.

  Ejemplo: En la proporción $\frac{3}{5} = \frac{9}{15}$ se cumple que $3 \times 15 = 5 \times 9$

67 Decide si las siguientes razones forman una proporción o no:

a) $\frac{11}{3}$ y $\frac{21}{4}$

b) $\frac{2}{7}$ y $\frac{6}{21}$

c) $\frac{52}{13}$ y $\frac{12}{3}$

d) $\frac{2}{3}$ y $\frac{3}{2}$

68 Señala cuáles de las siguientes parejas de números forman una proporción con 3 y 5:

a) 6 y 10

b) 8 y 15

69 Razona si cada una de las siguientes proporciones son verdaderas o falsas:

a) $\frac{2}{8} = \frac{1}{4}$

b) $\frac{2}{3} = \frac{5}{6}$

c) $\frac{290}{5} = \frac{638}{11}$

d) $\frac{4}{8} = \frac{125}{25}$

Cómo se calculan los términos de una proporción

Para **calcular los términos de una proporción** se utiliza la propiedad: **Producto de extremos = Producto de medios**

Calcula el término n *de la proporción* $\frac{50}{4} = \frac{25}{n}$

1.º Se **multiplican** los **extremos**: $50 \times n$

2.º Se **multiplican** los **medios**: $4 \times 25 = 100$

3.º Se **igualan** los productos: $50 \times n = 100$

4.º Se **despeja** *n*: $50 \times n = 50 \times 2$; $\boxed{n = 2}$

70 Calcula el término desconocido de las siguientes proporciones:

a) $\frac{5}{3} = \frac{15}{n}$

b) $\frac{n}{24} = \frac{1}{2}$

c) $\frac{5}{10} = \frac{n}{24}$

d) $\frac{7}{n} = \frac{28}{8}$

e) $\frac{3}{6} = \frac{5}{n}$

f) $\frac{n}{10} = \frac{12}{8}$

g) $\frac{12}{15} = \frac{n}{5}$

h) $\frac{12}{10} = \frac{n}{5}$

71 Escribe cuatro proporciones diferentes con los valores de la siguiente tabla, utilizando en todas las proporciones una razón donde aparezca el dato desconocido y calcula en cada caso su valor.

1	2	4	6	15
9	18	36	54	*n*

a) Primera proporción:

$\frac{1}{9} = \frac{15}{n}$; $1 \times n = 9 \times 15$; $n =$

b) Segunda proporción:

c) Tercera proporción:

d) Cuarta proporción:

¿Qué son magnitudes directamente proporcionales

Dos **magnitudes** son **directamente proporcionales** si las razones entre cada pareja de valores correspondientes dan el mismo cociente. Ese número se llama **razón de proporcionalidad**.

Ejemplo: La siguiente tabla muestra la relación entre el tiempo empleado y el espacio recorrido por un paseante:

Tiempo empleado (en horas)	1	2	3	4	5
Espacio recorrido (en kilómetros)	4	8	12	16	20

El tiempo empleado y el espacio recorrido son magnitudes directamente proporcionales ya que:

$$\frac{1}{4} = \frac{2}{8} = \frac{3}{12} = \frac{4}{16} = \frac{5}{20} = 0{,}25$$

La razón de proporcionalidad es 0,25.

72 Comprueba si las siguientes magnitudes son directamente proporcionales o no.

a)

Espacio recorrido (en metros)	100	200	300	400
Tiempo empleado (en minutos)	5	10	15	20

b)

Número de trabajadores	2	4	6	8
Tiempo empleado en realizar un trabajo (en horas)	18	9	4	2

c)

Cantidad de manzanas (en kilogramos)	1	2	3	4
Precio (en euros)	3	5	7	9

73 Completa los valores de los siguientes pares de magnitudes directamente proporcionales y calcula la razón de proporcionalidad en cada caso.

a)

Número de tartas	2			7	
Raciones que se hacen	8	16	20		40

Razón =

b)

Cantidad de jamón (en gramos)	250		500	
Precio (en euros)	8	12		32

Razón =

Cuándo dos magnitudes son directamente proporcionales

Dos magnitudes son **directamente proporcionales** si:

- Al **aumentar** una de ellas al doble, triple, ..., la otra **aumenta** al doble, triple, ...
- Al **reducir** una de ellas a la mitad, la tercera parte, ..., la otra **se reduce** a la mitad, la tercera parte, ...

Ejemplo: El tiempo empleado y el espacio recorrido por un paseante son magnitudes directamente proporcionales ya que si se duplica o triplica el tiempo empleado, se duplica o triplica el espacio recorrido:

Tiempo empleado (en horas)	1	2	3	4	5
Espacio recorrido (en kilómetros)	4	8	12	16	20

74 De los siguientes pares de magnitudes di cuáles son directamente proporcionales y cuáles no:

a) El número de kilogramos de cerezas que compras y el precio que cuestan.

b) El número de horas trabajado y el salario que se obtiene.

c) La cantidad de albañiles que trabajan en una obra y el tiempo que tardan en finalizarla.

75 Completa las siguientes tablas donde se relacionan magnitudes directamente proporcionales:

a)

Número de horas trabajadas	1	2	4	5	8	10	15	20	25
Euros recibidos por el trabajo	10								

b)

Número de kilogramos	1								
Precio (en euros)	2,5	5	7,5	12,5	20	25	37,5	50	100

c)

Kilómetros que recorremos con el coche	15		37,5		120		210		450
Litros de gasolina que se consumen	1	2		5		10		20	

d)

Número de lápices	1	2		50		100		500	
Precio (en euros)	0,12		1,2		7,2		15		90

¿Qué es una escala

La **escala** es la razón de la distancia de dos puntos de un plano o mapa y sus correspondientes en la realidad.

$$\textbf{Escala} = \frac{\textbf{Distancia en el plano o mapa}}{\textbf{Distancia en la realidad}}$$

Ejemplo: La escala 1 : 200 ó $\frac{1}{200}$ significa que 1 centímetro en el plano representa 200 centímetros en la realidad.

76 Completa la siguiente tabla:

Escala	Distancia en el plano o mapa	Distancia en la realidad
$\frac{1}{200}$	1,5 centímetros	1,5 × 200 = 300 centímetros = 3 metros
$\frac{1}{150}$	3 centímetros	
$\frac{1}{4\,500}$	2,6 centímetros	
$\frac{1}{100\,000}$	10 centímetros	
$\frac{1}{3\,000\,000}$	12 centímetros	
$\frac{1}{12\,000\,000}$	5,5 centímetros	

77 Relaciona mediante flechas cada escala con la distancia que representaría 1 centímetro del plano en la realidad:

Escala	**Distancia en la realidad**
$\frac{1}{50}$	10 kilómetros
$\frac{1}{500}$	500 centímetros
$\frac{1}{100}$	10 metros
$\frac{1}{1\,000}$	1 metro
$\frac{1}{5\,000}$	50 centímetros
$\frac{1}{1\,000\,000}$	50 metros

6 Regla de tres directa

PARA EMPEZAR

Qué es y en qué consiste la reducción a la unidad

El **método de reducción a la unidad** es un método para resolver problemas en los que se relacionan dos magnitudes directamente proporcionales.

Si 7 cajas de naranjas pesan 70 kilogramos, ¿cuánto pesarán 5 cajas?

1.° Se calcula el valor que corresponde a la **unidad**.

2.° Se calcula el valor que corresponde a cualquier **otra cantidad**.

	N.° de cajas	N.° de kilogramos
	7 cajas	70 kg
: 7	1 caja	$70 : 7 = 10$ kg
× 5	5 cajas	$10 \times 5 = 50$ kg

Las 5 cajas pesarán 50 kg.

78 En el colegio han comprado 8 balones de baloncesto, uno para cada clase de ESO, por un total de 116 euros.

a) ¿Cuál será el precio de un balón?

b) ¿Cuánto costarán otros 12 balones iguales que los anteriores para los cursos de Primaria?

79 En el mercado me han cobrado 4,20 euros por 300 gramos de queso.

a) ¿Cuánto me ha costado un gramo?

b) ¿Cuánto me hubiese costado un kilogramo del mismo queso?

80 Un grifo echa 250 litros de agua cada 4 minutos que está abierto.

a) ¿Cuántos minutos tardará en llenar una piscina de 75 000 litros de capacidad?

b) ¿Cuántas horas son?

81 Para vallar una finca se necesitan 1250 metros de alambre. Si cada 100 metros nos cuestan 5,40 euros, ¿cuánto nos costará vallar toda la finca?

82 En la pescadería del mercado anuncian 250 gramos de merluza a 4,25 euros. Mi padre ha comprado una merluza de 3,750 kilogramos, ¿cuánto le habrá costado?

83 El revelado de 24 fotografías me ha costado 6,30 euros. Si deseo que me revelen 36 fotografías de otro carrete, ¿cuánto tendré que pagar?

84 Doce vacas se han comido en un mes 3 toneladas de paja. Si el número de vacas actualmente es de 20, ¿cuántas toneladas de paja se comerán en este mes?

85 El precio de una parcela de 200 metros cuadrados es de 30000 euros. Si toda la finca mide 1200 metros cuadrados, ¿qué precio tendrá la finca entera?

Qué es y cómo se aplica la regla de tres directa

La **regla de tres directa** es un método para resolver problemas en los que se relacionan dos magnitudes directamente proporcionales.

Si 7 cajas de naranjas pesan 70 kilogramos, ¿cuánto pesarán 5 cajas?

1.º Se **organizan** los datos y la incógnita.
$$\begin{cases} 7 \text{ cajas} \text{ ——— } 70 \text{ kg} \\ 5 \text{ cajas} \text{ ——— } n \text{ kg} \end{cases}$$

2.º Se **escribe** la proporción.
$$\frac{7}{70} = \frac{5}{n}$$

3.º Se **igualan** el producto de medios y el de extremos.
$$7 \times n = 70 \times 5$$

4.º Se **despeja** el valor desconocido.
$$n = \frac{70 \times 5}{7};\ n = \frac{350}{7} = 50$$

Las 5 cajas pesarán 50 kg.

86 Una máquina fabrica 12 400 tornillos cada 8 horas que está funcionando. Hoy ha estado estropeada 3 horas, ¿cuántos tornillos ha dejado de fabricar por la avería?

87 Un camión transporta 50 vigas que en total pesan 20 toneladas. ¿Cuántas toneladas transporta otro camión que lleva 27 vigas para la misma obra?

88 ¿Cuánto me hubiesen costado 10 huevos, si por una docena de huevos me han cobrado 1,80 euros?

89 Mis padres han pagado por un piso de 100 metros cuadrados 225 000 euros. Si hubiesen comprado otro que tenía 90 metros cuadrados, ¿cuánto les hubiese costado?

90 Sabemos que por 4 euros compramos lo que antes nos costaba, aproximadamente 665 pesetas. ¿Cuántas pesetas me hubiera costado un videojuego que hoy cuesta 50 euros?

91 En un viaje anterior a Inglaterra las 40 libras que me gasté me habían costado 65,04 euros.

a) Si quiero llevar 100 euros al nuevo viaje que voy a hacer a Inglaterra, ¿cuántos libras obtendré al cambiar en el banco?

b) A la vuelta me han sobrado 2,46 libras y deseo cambiarlas a euros. ¿Cuántos euros me darán?

92 Una empresa ha encargado un robot a Japón. El precio del robot es de 1100000 yenes japoneses. ¿Cuántos euros necesitaré para pagarlo, si 1430 yenes me han costado 13 euros?

93 Un viaje desde Perú a España cuesta en una compañía de aviación peruana 1650 soles peruanos. ¿Cuántos euros cuesta el viaje si 87 soles equivalen a 25 euros?

Ejercicio resuelto

En un mapa de escala 1 : 500000, la distancia mayor que se puede medir es de 65 centímetros. ¿Qué distancia real representa en kilómetros?

1 cm en el mapa ——— 500000 cm en distancia real
65 cm en el mapa ——— n cm en distancia real

La proporción que resulta es: $\frac{1}{500000} = \frac{65}{n}$ $1 \times n = 65 \times 500000$; $n = 32500000$

La distancia real que representa es: 32500000 centímetros = 325000 metros = **325 kilómetros**.

94 En el plano de mi nueva casa que está en la escala 1 : 100, mi habitación mide 3 centímetros de ancho y 4,5 centímetros de largo.

a) ¿Cuántos metros de ancho mide en la realidad?

b) ¿Cuántos metros de largo mide en la realidad?

95 Un mapa de la provincia donde vivo está dibujado a escala 1 : 250000. Si en el mismo mapa la distancia entre la capital de la provincia y la localidad donde vivo es de 12 centímetros, ¿cuántos kilómetros es la distancia real que las separa?

96 El mapa de carreteras que tengo está a escala 1 : 1250000. Deseo hacer un viaje entre dos ciudades que en el mapa se encuentran a 17 centímetros. ¿Cuántos kilómetros debo recorrer en realidad?

97 En un plano de mi ciudad la manzana donde vivo es un cuadrado de 5,8 centímetros de lado. Si la escala con que está dibujado el plano es 1 : 1750, ¿cuántos metros mide la distancia real del lado del cuadrado de la manzana donde vivo?

1 a) 23 grados bajo cero.
b) 63 metros de profundidad.
c) Una deuda de 87 euros.
d) Planta sótano 4.

2 a) −2 b) +7 c) +1 200 d) −3 e) −100 f) +40

3 El último saldo es 1150 euros.

4

5

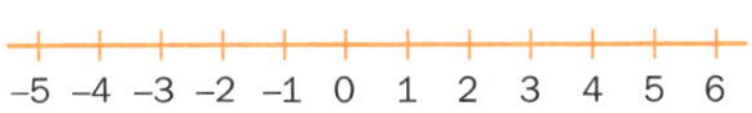

6 $A = -15$ $B = -10$ $C = -3$ $D = 4$ $E = 8$ $F = 11$

7 El cero está a 5 unidades a la derecha de *A* y a 11 a la izquierda de *B*.

8

9 −66, −22, −16, −12, −7, −3, 0, +1, +4, +12, +33.

10 −5, −4, −2, 0.

11 a) < b) > c) > d) >

12 a) −6, −5, −4, −3, −2, −1, 0, 1, 2, 3
b) 1, 0, −1, −2, −3
c) −2, −1

13

Anterior	Número	Posterior
+18	+19	+20
+99	+100	+101
+20	+21	+22
+5	+6	+7
+98	+99	+100

Anterior	Número	Posterior
−20	−19	−18
−101	−100	−99
−22	−21	−20
−7	−6	−5
−100	−99	−98

14 a) 12 b) 15 c) 100 d) 27

15 a) 11 b) 7 c) 18 d) 10 e) 10 f) 14

16 a) Valor absoluto de +19 es 19.
b) Valor absoluto de 0 es 0.
c) Valor absoluto de −19 es 19.

17 a) +5 b) −16 c) −23 d) +21

18 +7 y −7.

19 +17 y −17.

20 a) +12 b) −14 c) −4 d) +2 e) −10 f) +8 g) −23 h) −7 i) 0 j) −3

21 a) −1 b) +2 c) −1 d) +13 e) −18 f) +13 g) +4 h) −8 i) +16 j) −13

22 a) (−5) + (+ 7) = +2.
b) (+2) − (+ 8) = −6.

23 a) −13 b) −30 c) −16

24 a) −700 b) −14 c) −40

25 a) +16 b) −29 c) −9 d) −12 e) +18

26 a) +26 b) −20 c) −30 d) +20 e) −30 f) +40 g) −90 h) +1

27 a) 13 b) 3 c) 54 d) 14

28 a) −5 b) −9 c) −7 d) 4 e) −5 f) −1 g) −5 h) 5 i) −3 j) −19

29 Verdadera: b, c, f.
Falsa: a, d, e.

30 a) 6 b) −3 c) −3 d) 7 e) −20 f) −2

31 a) 16 b) 34 c) −37 d) 8

32 a) −5 b) −3 c) −20 d) −54 e) 8 f) −5

33 a) 10 b) 21 c) −9

34 a) − : − = +
b) − : + = −
c) + : − = −

35 a) 5 b) 0 c) 8 d) −3 e) −20 f) −2

36 a) 13 b) 8 c) 11 d) −6 e) 7

37 a) 30 b) 124 c) 0 d) 2 e) 30 f) 15

38 a) 2 b) −4 c) 6 d) −1 e) −9 f) −10 g) −47

39 a) 24 b) 34 c) 21 d) −47

40 a) −6 b) −8 c) 0 d) −11 e) 5

41 La diferencia ha sido 15 grados.

42 Le quedan 39 euros.

43 El saldo es de −160 euros.

44 Está a −15 metros.
Le faltan 15 metros para llegar.

45 a) 45 de cada 100 niños tienen caries.
b) Ha subido 12 euros por cada 100.
c) 52 de cada 100 personas son mujeres.

46 a) 75 % b) 21 % c) 2 % d) 1 %

47 a) 36 % b) 64 %

48 a) 10 % c) 40 %
b) 30 % d) 20 %

49 a) $\frac{12}{100} = 0{,}12$ e) $\frac{15}{100} = 0{,}15$
b) $\frac{20}{100} = 0{,}2$ f) $\frac{50}{100} = 0{,}5$
c) $\frac{100}{100} = 1$ g) $\frac{75}{100} = 0{,}75$
d) $\frac{25}{100} = 0{,}25$ h) $\frac{40}{100} = 0{,}4$

50 a) $\frac{24}{100} = 24\,\%$ e) $\frac{4}{100} = 4\,\%$
b) $\frac{45}{100} = 45\,\%$ f) $\frac{60}{100} = 60\,\%$
c) $\frac{1}{100} = 1\,\%$ g) $\frac{16}{100} = 16\,\%$
d) $\frac{64}{100} = 64\,\%$ h) $\frac{80}{100} = 80\,\%$

51

Porcentaje	Frac. dec.	N.º dec.
41 %	$\frac{41}{100}$	0,41
90 %	$\frac{90}{100}$	0,9
8 %	$\frac{8}{100}$	0,08
18 %	$\frac{18}{100}$	0,18
6 %	$\frac{6}{100}$	0,06
36 %	$\frac{36}{100}$	0,36

52 a) 112,5 d) 180,24 g) 79,21
b) 19,04 e) 9876 h) 1032,43
c) 47,5 f) 62,88

53 a) 50 e) 0,8 h) 108
b) 200 f) 100 i) 2,6
c) 250 g) 87,22 j) 0,35
d) 0,21

54 El 82 % no son mayores de 65 años.

55 El 93 % queda aún en la hucha.

56 En la Luna pesará 26,5 kg.

57 a) El 4 % son de Oceanía.
b) 324 africanos, 225 asiáticos, 180 americanos, 135 europeos, 36 de Oceanía.

58 a) 1300 mujeres.
b) 273 menores de 20 años.

59 Tendré que pagar 702,26 euros.

60 Su precio es 13338,50 euros.

61 El precio es 10881 euros.

62 a) Ha devuelto 5875 euros.
b) Le queda por devolver 6625 euros.
c) El 53 % le queda por devolver.

63 a) 86,58 euros.
b) 86,25 euros.
c) 86,64 euros.
d) 259,47 euros.
e) Lourdes, Marta, Carlos.
f) Carlos, Lourdes, Marta.

64 Les han hecho la misma rebaja.

65 La impresora ha aumentado más su precio.

66 a) 0,4 d) 1,2
b) 1,5 e) 6,05
c) 0,33 f) 0,9

67 a) No b) Sí c) Sí d) No

68 a) Sí b) No

69 Verdadera: a, c.
Falsa: b, d.

70 a) 9 b) 12 c) 12 d) 2
e) 10 f) 15 g) 4 h) 6

71 a) $\frac{1}{9} = \frac{15}{n}$ b) $\frac{2}{18} = \frac{15}{n}$
c) $\frac{4}{36} = \frac{15}{n}$ d) $\frac{6}{54} = \frac{15}{n}$

$n = 135$ en todos los casos.

72 a) Sí b) No c) No

73 a)

4	5	7	10
16	20	28	40

La razón es 0,25.

b)

250	375	500	1000
8	12	16	32

La razón es 31,25.

74 a) Sí b) Sí c) No

75 a) 20, 40, 50, 80, 100, 150, 20
250.
b) 2, 3, 5, 8, 10, 15, 20, 40.
c) Kilómetros: 30, 75, 150, 30
Litros: 2,5; 8; 14; 30.
d) Lápices: 10, 60, 125, 750.
Precio: 0,24; 6; 12; 60.

76 3 m; 4,5 m; 117 m; 10 000 m; 360000 m; 660000 m.

77 $\frac{1}{50}$ y 50 cm $\frac{1}{500}$ y 500 cm
$\frac{1}{100}$ y 1 m $\frac{1}{1000}$ y 10 m
$\frac{1}{5000}$ y 50 m
$\frac{1}{1000000}$ y 10 km

78 a) 14,50 euros b) 174 euro

79 a) 0,014 euros b) 14 euros

80 a) 1200 minutos b) 20 horas

81 Nos costará 67,50 euros.

82 Le habrá costado 63,75 euros.

83 Tendrá que pagar 9,45 euros.

84 Se comerán 5 toneladas.

85 Su precio será 180000 euros.

86 Se han dejado de fabricar 4650 tornillos.

87 Transporta 10,8 toneladas.

88 Me hubiesen costado 1,50 eur

89 Les hubiese costado 202500 euros.

90 Me hubiera costado 8313 pesetas.

91 a) Obtendré 61,50 libras.
b) Me darán 4 euros.

92 Necesitaré 10000 euros.

93 El viaje cuesta 474,14 euros.

94 a) 3 metros b) 4,5 metro

95 La distancia real son 30 km.

96 Debo recorrer 212,5 kilómetros

97 Mide 101,5 metros.